像高手一样思考

○利兹 著

让你脱颖而出的
100个顶级思维模型

人民邮电出版社
北 京

图书在版编目（CIP）数据

像高手一样思考：让你脱颖而出的 100 个顶级思维模型 / 利兹著. -- 北京：人民邮电出版社，2024.

ISBN 978-7-115-65220-1

Ⅰ．B80-49

中国国家版本馆 CIP 数据核字第 2024RZ5299 号

◆ 著　　　　利　兹

责任编辑　朱伊哲

责任印制　周昇亮

◆ 人民邮电出版社出版发行　　北京市丰台区成寿寺路 11 号

邮编　100164　　电子邮件　315@ptpress.com.cn

网址　https://www.ptpress.com.cn

天津千鹤文化传播有限公司印刷

◆ 开本：880×1230　1/48

印张：4.5　　　　　　　　　2024 年 11 月第 1 版

字数：92 千字　　　　　　　2025 年 8 月天津第 7 次印刷

定价：29.80 元

读者服务热线：(010)81055296　印装质量热线：(010)81055316
反盗版热线：(010)81055315

Learning various mental models is the best gift you can give yourself.

学习各种思维模型是你能给自己最好的礼物。

——查理·芒格

目　录

1 机会成本思维模型

当你面临选择时，不仅要考虑你的选择所带来的好处，还要考虑因为做出这个选择而放弃其他选择所带来的损失。简单来说，就像是在做决定时你需要考虑"我选择了 A，就意味着我放弃了 B、C、D，我可能会因此错过什么？"

机会成本思维模型能够帮助我们在做决策时考虑到所有可能的影响，从而做出更理性的选择。比如，你决定去看电影，那么你就得想想，如果在这段时间去做其他的事情，比如运动或者学习，会不会更好？再比如，如果公司决定投入大量资源去开发一种新产品，相关管理者就必须思考如果这么做是否会错过其他更有利可图的项目或发展机会，从而更加审慎地配置资源。

2 直觉思维模型

直觉思维指依靠过去的经验和直觉来做出决策和判断。在某些情况下，直觉思维模型可以帮助我们在没有足够的时间或信息做出决策时，依靠直觉快速做出选择。

比如，面对某个人时，我们常常会凭借过去的经验和直觉来判断对方是否可靠，从而做出适当的反应；在工作时，直觉思维模型可以帮助我们在快节奏的环境下迅速做出决策；对于企业来说，面对瞬息万变的市场，更加需要迅速做出反应，这时候经验和直觉可以成为指导决策的重要依据。

3 局部最优与全局最优思维模型

在生活中，我们常常面临着各种选择。有时候，某个选择在短期内看起来是最好的，但在长期看来却可能不是最好的。因此，在做决策时，需要考虑到局部最优解可能与全局最优解的不同。

具体来说，局部最优解是指在某个局部范围内找到的最佳解决方案，而全局最优解则是指在整个系统或范围内找到的最佳解决方案。比如，放弃锻炼以便花更多的时间工作可能会让你在短期内提高工作业绩，但在长期看来，这可能会影响到你的身体健康，进而影响整体生活质量。

简单来说，就是不能因为眼前的利益，而忽略了长远的利益或整体的利益。

4 决策树思维模型

决策树思维模型就像一个流程图，你可以从一个问题（树根）开始，然后按照不同的选择和可能的结果，逐步形成分支（树杈），最终找到最佳解决方案（叶子）。

这个模型可以帮助你厘清复杂的决策流程，从而选择更合适的方案。比如买房子、选择学校、规划旅行等，你可以列出不同的选项，然后逐步考虑不同的选择可能带来的结果，最终找到最适合你的选择。

决策树思维模型也可以帮助企业领导者做出战略规划、市场定位、产品开发等决策。通过分析不同的选项和可能的结果，他们更容易找到最有利可图的方案，从而推动企业的发展。

5 沉没成本思维模型

沉没成本思维模型会让我们在做决策时过度关注已经投入的成本，而忽略了当前的情况和未来的前景。简单来说，就是为了不浪费已经付出的财力、物力、精力等成本，而不愿意放弃已经做出的选择，即使这个选择可能并不是最明智的。

在感情生活中，沉没成本思维可能会导致人们在不合适的关系中持续投入。比如，明知道对方不是最适合你的，但考虑到自己已经为他花费了很多时间和金钱，没办法"忍痛割爱"，只能将就着将这段关系维持下去。

6 易得性偏差思维模型

易得性偏差思维模型会让我们在做决策时倾向于根据更易获得的信息来做出判断，而忽略了那些不易察觉的事实和真相。

　　易得性偏差可能会导致人们对某些事物或事件的风险估计不准确。比如，当媒体频繁报道某种疾病的案例时，人们可能会认为这种疾病的发病率很高，而实际上可能并非如此；工作中，人们也往往会基于过去的成功经验来判断某个项目的成功率，而忽略了可能出现的新的风险因素。这就提醒我们，在做决策时，应该更加注重不易察觉的事实和真相，而不是仅仅依赖那些显而易见的信息。

7 确认偏误思维模型

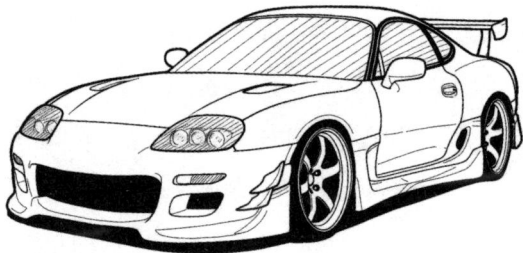

为了证明自己的观点是对的，人们往往更愿意相信那些与自己观点一致的信息，而选择性忽略那些与之相矛盾的信息。

假设你正在考虑购买一辆新车，基于之前的认知，你已经倾向于购买某个品牌某个车型的车。在确认偏误思维的影响下，你会更倾向于寻找那些支持你购买这款车的信息，比如，你可能会主动查找关于这款车型的优点、好评等，忽视其缺点或者不良口碑的相关信息。

因此，确认偏误思维模型提醒我们，在做重要决策时尽量少带入感情色彩，要尽可能地考虑到所有可能的因素，而不是仅仅寻找那些支持我们已有观点或者决策的信息。

8 损失规避思维模型

损失规避是指人们在决策时更倾向于避免损失，而不是追求利益。简单来说，我们往往更担心失去已经拥有的东西，而不是能否获得新的东西。

这个思维模型会导致人们在面临选择时更加保守。比如，当考虑是否要换工作时，出于对潜在风险的考虑，人们往往更倾向于选择继续当前的工作。

再比如，假设你在考虑是否要购买一份汽车保险。你可能会这样思考：没有买保险，如果发生事故就需要自己承担全部的费用，这个损失（可能会很高）可能承受不起；反过来，如果买了保险，即便每年需要支付一定的费用，但保险公司将可能覆盖大部分或全部费用，这样算下来自己整体的费用支出似乎更小。

9 效率思维模型

如何用最少的资源达到最大的效果，这就是效率思维模型的内核。效率思维模型可以帮助我们更好地规划时间和资源配置，更高效地完成任务，也能促使企业提高生产效率和经营效益，对个人及团体来说都非常重要。

　　假设你每天花费很多时间在社交媒体上，这大大影响了你的工作效率和生活质量，在效率思维模型的影响下，你开始考虑如何最有效地利用时间。比如，你可能会制订一个时间管理计划，将社交媒体使用时间限制在每天一定的时间段内；或者，你可能会重新评估自己在社交媒体上花费时间的动机和目的，看看是否有更有效的方式来满足自己的社交需求，比如与朋友面对面交流或者参加社交活动等。

10 时光机思维模型

你是不是也时常会想：如果能坐上时光机回到过去，我一定会如何如何？如果我穿越到未来，我又会如何看待自己曾经做过的事？其实，这些想法并不仅仅是"白日梦"，它可以帮助我们更好地审视自己的决定，并做出更符合未来利益的选择。

时光机理论最早由日本软银创始人孙正义提出，指的是充分利用不同国家、地区，不同行业发展的不平衡，通过时间差来进行投资获利。当时，孙正义看到美国的互联网浪潮背后存在着巨大商机，他果断前往互联网发展相对落后的日本，成立了雅虎日本公司，获得了非常可观的收益。

这个理论最初主要在投资上应用，但如果延伸一下，应用到个人成长等具体问题上，我们可以一方面以史为鉴，总结过去的经验，让自己不断进步；另一方面也可以假设自己活在未来，反问自己会不会对目前做的选择后悔莫及。基于未来回顾自己的感受，你可以更好地权衡利弊，避免后悔。

11 不平衡性思维模型

不平衡性思维模型认为，不平衡性普遍存在于自然界、社会和个人发展的各个方面。例如，不同地区的经济发展水平存在差异，同一行业中不同企业的市场地位也可能不同。另外，不平衡性不是一成不变的，它会随着时间的推移和条件的变化而发生变化，甚至出现逆转。在很多情况下，这种不平衡性会为创新和发展提供机会。

以阿里巴巴集团的全球业务发展为例，正是因为其认识到了不同国家和地区在互联网基础设施、物流系统、支付方式等方面都存在着显著差异，即不平衡性，才针对这一特点，提供了定制化的服务和产品。同时，它还通过市场调研，了解当地消费者的购物习惯和偏好，以提供更符合需求的商品。通过对不平衡性思维模型的应用，阿里巴巴不仅成功进入了新的市场，还促进了当地电子商务的发展，并在全球范围内建立了竞争优势。

12 非 sr 思维模型

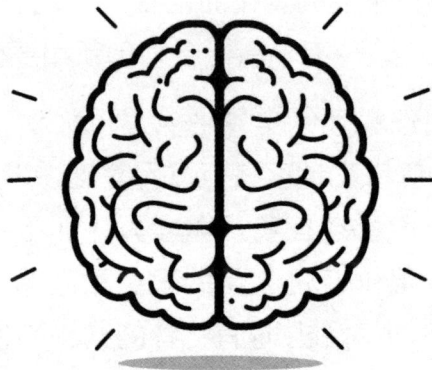

非 sr 思维模型即非刺激反应思维模型（sr 是 stimulus-response 的缩写，指刺激反应），它强调的是不要被外部的刺激左右，而是要通过深入思考和理性分析来做出决策。

举个例子，当你在购物时看到一个特别吸引人的促销品，但是你其实并不需要它，非 sr 思维模型会让你冷静下来，思考自己是否真的需要它，以及购买它对你的长期财务状况可能会产生的影响。或许你会意识到，这只是一时的刺激，为此消费并不理智，从而避免了不必要的消费。

13 隐含前提思维模型

隐含前提思维模型提醒我们，在思考问题或做决策时，会有一些隐含的假设或前提存在，但我们并不总是能意识到它们。查理·芒格认为，识别和理解这些隐含前提对于做出明智的决策至关重要。

比如，当你与朋友发生争执时，可能会不自觉地认为对方想要伤害你或挑衅你，但实际并非如此。识别到这个隐含前提可以帮助你更好地解决争端，而不是陷入情绪化的困境。

在开展一个项目时，你可能会假设所有成员都理解并认同项目的目标和时间表。但实际上，可能有些成员并没有完全理解或认同，或者其他工作任务可能会影响到项目的进展。识别到这个隐含前提可以帮助你更好地协调团队合作，避免进度受阻。

14 破束缚思维模型

破束缚思维模型，顾名思义是指打破思维定式，放下偏见，才能更好地面对问题和挑战。当我们遇到困难时，可以尝试从不同的角度思考，寻找不同的解决方法。

假设有一家传统零售店，随着电子商务的发展和消费者购物习惯的改变，销售额逐渐下降。面对这种情况，就可以运用破束缚思维模型，打破传统的思维框架，寻找新的商业机会。一种可能的解决方案是：转变经营模式，利用互联网平台搭建在线商店，同时采用数据分析和个性化推荐等技术，为消费者提供更好的购物体验。另一种可能的解决方案是：开展跨界合作，例如与当地的餐厅、咖啡馆等合作，提供联合促销活动或者会员福利，吸引更多顾客。

15 卡尼曼双系统思维模型

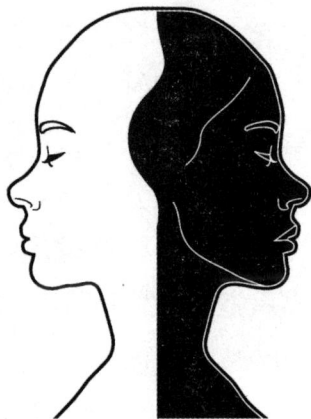

卡尼曼双系统思维模型认为人类的思维过程包含两个系统：一是直觉、自动化、快速反应的系统；二是理性、深思熟虑、慢速反应的系统。

　　简单来说，卡尼曼双系统思维模型就像是我们大脑中的两个思维引擎，一个是快速反应的本能系统，另一个是慢速反应的理性系统。前者负责我们的直觉、情感和习惯性思维，后者则负责深度思考、决策和分析。

　　假设你正在考虑购买一部新手机，运用系统一可能会让你在看到明星代言时产生强烈的购买冲动，快速下单；运用系统二则会让你暂缓一下，开始进行更深入的思考。你会比较不同品牌和型号的手机的功能、价格，也会考虑自己的需求和预算，从而做出更加理性的选择。

16 九宫格分析思维模型

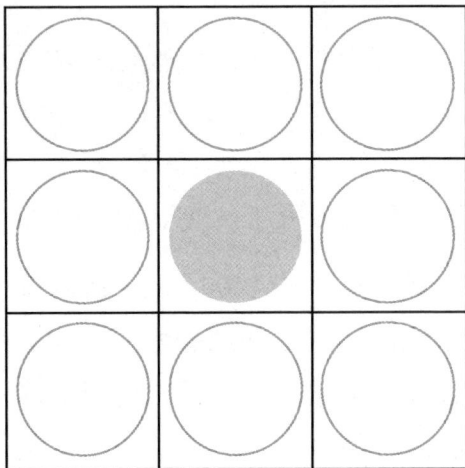

九宫格思维模型是一种基于 3×3 的九格矩阵，来直观地展现问题与可能的解决方案之间关系的思维方式。九宫格思维模型将问题与可能的解决方案之间的关系划分为九个部分，中心格通常用来放置核心问题或主题，其余八个格子则围绕中心格展开，用于填充与核心问题或主题相关的各种思考内容，如目标、已知条件、潜在问题和资源、潜在解决方案、风险和障碍、利益和机会、影响和结果等。

举个例子，我们想用九宫格分析思维模型来帮助制定职业发展规划。我们可以在中心格填写职业规划，其他八个格子可以分别填写：目标职业、所需技能、现有技能、工作经验、现存问题、行业动态、社交资源、职业规划调整等，这样，我们就有了一个结构化和系统化的推演逻辑，能更好地设定清晰、可行的职业目标和制订行动计划，从而提升职业发展的成功率。

17 启发式偏差思维模型

启发式偏差思维模型用来形容在决策和判断的过程中，个人心理倾向或信息不完整可能会导致偏差的情况。这种思维模型认为，人们在面对复杂问题时，往往会依赖心理启发和经验法则来快速决策，但这种快速决策有时并不理性。

　　这个思维模型提醒我们，在决策和判断时要警惕个人心理倾向和信息缺失可能带来的偏差，从而促使我们在面对复杂问题时更加审慎和理性地进行决策。举个简单的例子，在日常生活中，启发式偏差思维模型可能让你在购物时受到商品广告的影响，而忽视产品的实际性能和价格。

18 六顶思考帽思维模型

用不同颜色的"帽子"代表不同的思维角色，帮助团队更系统地分析问题、制定决策，这就是六顶思考帽思维模型。

这种方法源于爱德华·德·博诺（被尊为"创新思维学之父"）的思维技巧，即用白、绿、黄、黑、红、蓝六种颜色的帽子代表批判性思考、乐观情感、创造性想法、信息收集、感觉和直觉以及控制过程等六种不同的思维角色。具体来说，白帽子陈述问题事实，绿帽子提出各种假设，黄帽子评估建议优点，黑帽子列举建议缺点，红帽子进行直觉判断，蓝帽子总结并最终决策。

如果将六顶思考帽思维模型应用在团队会议和决策过程中，可以表现为：在制定营销策略时，团队可以先戴上黑色帽子思考潜在风险和挑战，然后再戴上黄色帽子思考可能存在的机会，等等，以此来制订更具前瞻性和全面性的营销计划。

19 诺依曼思维模型

诺依曼思维模型由天才数学家约翰·冯·诺依曼提出，即通过分解问题、建立模型、进行模拟和优化来解决复杂问题，从而找到最优解。

我们可以把诺依曼思维模型比作拼图游戏，每个拼图都是问题的一部分，而我们需要将它们组合起来，形成一个完整的图景。例如，在软件开发过程中，团队可以根据诺依曼思维模型的原理，将整个项目分成设计、生产、市场推广等阶段，每个阶段建立详细的计划，通过不断调整和优化方案，最终推出一款成功的产品。

20 三层解释思维模型

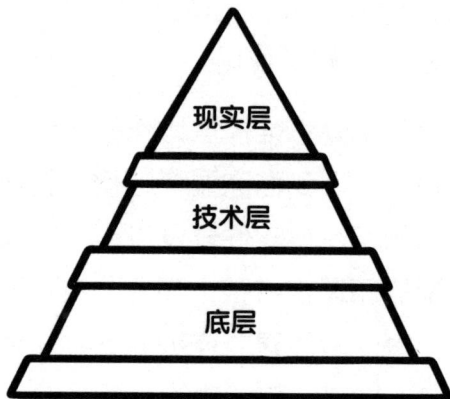

三层解释思维模型，是指对于一个事物，可以有三层解释：现实层、技术层、底层。现实层解释很浅显，是大多数人能看到的因果规律；技术层会解释现实背后的、能看得见技能的规律；底层解释则是一种可以广泛适用、有深层次思维的规律。

　　我们可以把这三层解释比作探索宝藏的过程：第一层是发现宝藏的线索，我们需要仔细观察和分析，寻找宝藏的可能位置；第二层是挖掘宝藏的过程，需要动用各种工具和方法，深入地挖掘和探索；第三层是理解宝藏的意义，我们不仅找到了宝藏，还能理解它的历史和文化价值，并为之感慨不已。

　　概括来说，三层解释思维模型通过分层次的解释，帮助我们从简单到复杂，逐步理解问题的本质。

21 风险概率思维模型

你是否有过这样的经历：做决定时总是犹豫不决，担心可能会出问题？——风险概率思维模型就能帮助我们厘清头绪。

风险概率思维模型让我们在做决定时，不仅要考虑可能发生的风险，还要估算这些风险发生的概率以及后果，最后再决定是否采取行动。具体来说，风险概率思维模型通过量化风险，帮助我们做决定时更加谨慎，既不过于保守，也不盲目冒险，真正做到有备无患。

企业在投资新项目时，也会用到风险概率思维模型。在投资新项目前，企业会评估市场风险和收益的概率，从而决定是否进行投资，以避免可能造成的巨大损失。

22 完型融合思维模型

完型融合思维模型是一种帮助我们将各种零散的知识、经验和信息组合成一个完整图景的方法。当我们做一个项目方案时，一开始我们需要收集和整理与该项目相关的所有信息，接着把这些零碎的信息进行分类和归纳，然后进行整合和分析，最后制定出一个全面、合理的解决方案。

完型融合思维模型能够帮助我们在处理问题时不再局限于某个单一的角度，而是从全局出发，考虑到问题的各个方面。这样，我们就能更好地应对复杂的挑战，找到最优的解决方法。例如，你在准备一次家庭聚会时，可以收集家人和朋友的建议，整理出各种活动的安排，然后整合成一个有趣而又全面的聚会计划。

23 101010 旁观思维模型

10
10
10

101010 旁观思维模型的核心是通过三个时间点——10 分钟后、10 个月后和 10 年后来评估决策的后果。

当我们面临一个重要决策时，可以先想象在 10 分钟后这个决定会带来什么样的影响，这就能让我们专注于眼前的直接后果，考虑短期内的变化；接下来，转移到 10 个月后的情景，思考这个决策的中期效应；最后，想象 10 年后的结果，用长远的视角考虑这个决策对未来的深远影响和意义。通过这三个时间点的思考，我们能够更全面地评估决策的优劣，避免只关注眼前利益而忽略长期后果。

想象一下，当你在商场逛街，看到一件昂贵的衣服很想买时，先想想 10 分钟后你会不会很开心，接着考虑 10 个月后这件衣服是否还会流行，最后再想 10 年后这件衣服是否还有价值。

24 竞争进化思维模型

面对激烈的竞争环境，我们需要一种灵活的思维方式，竞争进化思维模型因此而生。这个模型借鉴了生物进化的原理，即通过自身的不断适应和优化来提升自己的竞争力。

首先，要观察并了解竞争对手。每一个成功的竞争对手都有其独特的优势，我们要像生物学家研究动植物一样，仔细分析他们的优点和不足。接下来，根据对手的优点进行自我优化，就像自然界中的物种通过变异和选择来适应环境一样，我们也要不断调整和改进自己的策略和方法。然后，实验和尝试新的方法。

例如，在公司内部竞聘新职位时，我们借用竞争进化思维模型，先了解其他候选人的优势，有针对性地提升自己的技能和表现，再通过实际工作中的不断尝试和改进，最终在竞争中获胜。

25 "上帝"视角思维模型

"上帝"视角思维模型的核心在于，思考问题时要站在一个更高的、全局的视角，像"上帝"一样俯瞰整个局面：想象自己是一个旁观者，置身于问题之外。这样的视角让我们能够更冷静地分析问题，而不会被情绪和偏见左右。

　　在实际解决问题时，我们可以假设自己是一个与问题的利害关系完全不相关的人，来看待整个事件的前因后果。这种方法不仅能帮助我们发现之前忽略的细节，还能让我们更客观地评估各种选择的利弊。在这个过程中，我们要不断问自己："如果我是一个完全不相关的人，我会怎么想？"

26 升维思维模型

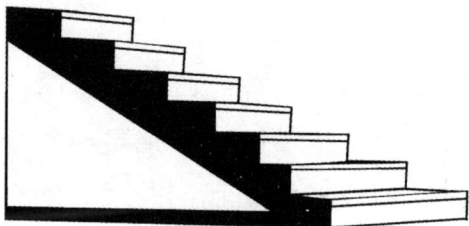

在面对复杂问题时，我们往往会被细节困住，难以看到整体。升维思维模型则教我们打破这种限制，通过提升一个维度来看待问题，从而找到新的解决路径。这种方法不仅能开阔我们的眼界，还能激发创造力，找到更有效的解决方案。

在应用升维思维模型时，我们可以通过改变思考问题的角度来提升一个维度。这种改变不一定是物理上的提升，也可能是思想上的升华或应用情境的迁移。比如，孩子在做数学题时遇到困难，我们可以尝试从实际生活中的应用场景来帮助他理解题目，而不是仅仅聚焦题目本身，从而找到解决方法。

27 混沌与秩序思维模型

在我们的生活中，经常会遇到混乱和无序的情况。混沌与秩序思维模型旨在教我们既要在混乱中找到秩序，又要看到秩序背后的混乱，从而找到一套与混沌世界共处的思维方式。当我们面对一个看似混乱的问题时，不妨停下来，深呼吸，然后尝试寻找其中的规律，最终找到可行的解决方案。

在工作中，我们常常会遇到项目进展不顺利、团队成员意见不一致的情况。此时，混沌与秩序思维模型可以帮助我们梳理思路，找出问题的核心。我们可以通过分解任务的方式，找到任务之间的逻辑关系，从而有条不紊地推进项目。

28 信息传递思维模型

信息传递思维模型是通过一条信息链，来保证信息传递的准确性，实行效果的确定性。它包含了发送者、信息、媒介、接收者和反馈五个关键环节，而各个环节都需要协同配合。

　　首先，发送者需要明确自己要传达的信息内容，再选择合适的媒介进行传递，比如口头、书面或者电子邮件；接收者在收到信息后，需要解码和理解信息内容；最后，接收者通过反馈告诉发送者自己是否正确理解了信息。

　　在这个过程中，每个环节都有可能出现问题，从而影响信息传递的效果。因此，信息传递思维模型教我们如何在每个环节上都做到准确，以确保信息的准确传递。这可以减少误解，提高沟通效率。举个生活中的例子，当家长向孩子布置一项新的家务任务时，家长需要通过孩子对任务的陈述，确认孩子已经明确任务，并理解任务的具体步骤。

29 利他思维模型

利他思维模型要求我们在发展自我时，要考虑到他人的利益，通过满足他人的想法和欲望，更好、更稳定地发展自我。简而言之，成就别人就是在成就自己。

这种思维方式能够充分调动他人的积极性和创造力，使得个人在追求自己利益的同时，也能推动整体目标的实现。在销售团队中，企业往往通过提供佣金和奖金的方式来激励销售人员，这种做法就是典型的利他思维模型的应用。销售人员为了获得更高的个人收益，会更加努力地工作，提高销售业绩，从而推动企业的整体销售增长。在这个过程中，既推动了公司的业绩增长，又让销售人员获得了奖金回报，实现了双赢。

30 认知资源思维模型

认知资源思维模型就是要求我们把认知当作一项重要资源进行管理和利用。在生活和工作中，当我们遇到重要问题或重大决策时，可以运用认知资源思维模型，即找到具备更高认知能力的人，让他们对问题给出建议和指导，并积极采纳。

史蒂夫·乔布斯被迫离开苹果公司后，创办了 NeXT 电脑公司，但公司的业务进展不如预期。在此期间，乔布斯与微软的比尔·盖茨保持着一定的交流，他学习和借鉴了微软在软件开发和市场推广方面的成功经验。通过不断反思和学习，乔布斯重回到苹果后，成功推出了 iMac、iPod、iPhone 等革命性产品，重新定义了个人电子产品市场，并带领苹果公司成为全球市值最高的公司之一。在这个故事中，乔布斯就运用了认知资源思维模型，他的成功证明了通过向比自己认知更高的人请教能带来巨大的价值。

31 反作用力思维模型

在溜冰场上，我们可能看到这样的场景：溜冰者用手用力推墙，自己就会向反方向滑去，这就是反作用力的现象。反作用力思维模型指的是当我们做出某种行动时，这个行动会引发一系列的反作用力，这些反作用力可能会影响行动结果。

反作用力思维模型能让我们从相对的角度考虑问题，从而更好地制订行动计划。比如，我们在生活中常常会遇到这样的情况：当我们想要减肥时，常常会采取节食的行动，但是这种行动会引发身体的反作用力，导致营养不良或者身体虚弱等。这时，我们就需要衡量减肥要做到何种程度为宜。

32 可复制化思维模型

可复制化思维模型认为，成功并非偶然，而是可以通过学习和模仿成功的方法来实现。在可复制化思维模型中，我们需要研究成功的案例，分析其原因，并试图将这些成功的经验和方法应用到自己的工作和生活中。这种思维模式能够帮助我们更好地理解成功的本质，并找到通往成功的捷径。

通过学习和借鉴成功的经验和方法，我们可以避免犯对方曾经犯过的错误，从而提高做事的效率和成功率。比如，我们可以学习成功人士的时间管理方法，将其应用到自己的生活中，从而提高工作效率和生活质量。

33 价值指数思维模型

价值指数思维模型是一种评估和预测事物价值变化趋势的思考方式，它基于对某一事物或资产当前价值的认识，考虑其未来价值增长的潜力和速度。简单来说，它帮助我们理解某个东西现在值多少钱，未来可能值多少钱。也许有些东西现在不值钱，但将来可能变得很值钱。价值指数思维模型提醒我们要识别那些可能价值下降的事物，以避免风险，同时要特别关注那些可能因某些原因目前暂时被低估价值但在未来能实现指数级增长的事物。

沃伦·巴菲特是一位著名的投资家，以其价值投资策略闻名。2016 年，尽管华尔街对苹果公司的前景持悲观态度，巴菲特却看到了其潜在价值。他认识到苹果公司拥有数以亿计的忠实用户，这些用户对苹果产品的高度依赖性是其价值的核心。同时，他还分析了苹果公司的创新能力，预测其价值将在未来实现指数级增长。所以，他决定大规模投资苹果公司，最终获得了巨大的成功。

34 反向失败思维模型

反向失败思维模型的核心理念是先设想事情可能会如何失败，然后针对这些失败点进行预防和改进。反向失败思维模型提示我们，失败是通往成功的必经之路，我们要从失败中学习，吸取经验教训，避免再犯同样的错误。

这种"逆向思维"能够帮助我们全面考虑问题，提前采取防范措施，从而更好地应对挑战。比如，我们在准备考试时，先想想可能会导致失败的原因，比如复习不充分、时间管理不好、考前焦虑等，然后针对这些原因采取措施，制订详细的复习计划、合理安排时间、进行放松训练等。同样地，即使我们的成绩偶尔会不理想，但可以通过分析错题和考试失利的原因，找出不足之处并加以改进，从而取得更好的成绩。

35 演绎法思维模型

演绎法思维模型是一种从已知事实或前提出发，通过逻辑推理得出结论的思维方式。这个过程类似于我们解数学题时使用公式，把已知条件代入公式，最后得出答案。演绎法依赖的是严密的逻辑和清晰的思路。

同样，这个模型也可以帮助我们分析日常生活中的问题，例如，在购物时，我们可以根据产品的价格、品质和口碑等因素推断出哪种产品更适合自己；在做美食时，可以根据烹饪的基本原理，比如"高温可以杀菌"来确保食材的卫生和可食用性，最终完成一顿美味又安全的大餐。

36 放大镜思维模型

放大镜思维模型就像是用放大镜看世界，可以帮助我们更清晰地看到事物的细节。有时候，问题或事物的细节包含了很多重要信息，而这些信息很可能会被忽略。通过放大镜思维模型，我们可以清楚地看到更多细节，从而更深入地理解问题的本质，发现隐藏在外表下的重要信息。

打个比方，我们想要了解某个产品的市场需求和竞争对手的策略，可以通过放大市场的某一细节更好地把握消费者的需求，从而调整产品定位和营销策略。

37 缩小镜思维模型

当我们放大一张图，就能看清它的很多局部细节。那么，当我们缩小一张图，能看到的就是整体和全局。缩小镜思维模型指的就是当我们遇到复杂的问题且很难一下子厘清头绪时，可以先忽视细节，着重于全局，系统看待问题。

举个例子，当领导由于你没有完成某项任务而批评你时，你的心情很糟糕。这时，先不急着去辩解，而是系统分析领导批评的真正目的是什么，这次任务是由于哪里做得不到位而没有完成，下一次需要如何改进……当系统分析过后，你就不会再纠结于被批评这个事件，而是开始用全局的视角看问题，争取下次能把工作做好。

38 纳什均衡思维模型

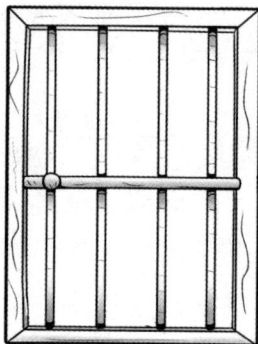

假设有两个小偷 A 和 B 合谋入室盗窃，被警方抓获，但警方没有找到赃物。警方将他们分别置于两个房间进行审讯，审讯策略如下：若两人均坦白，各判 8 年；若一人坦白而另一人抵赖，抵赖者加刑 2 年，坦白者减刑 8 年并立即释放；若两人均抵赖，只能以私闯民宅罪各判刑 1 年。

从整体考虑，显然最好的策略是双方都抵赖，每人只被判 1 年。但由于隔离审讯，两人会互相怀疑对方可能坦白以求自保。因此，经过理性分析，最终双方都选择了坦白，结果各被判了 8 年。

这就是经典的"囚徒困境"博弈模型，其中"A 坦白，B 坦白"是一个纳什均衡，意味着在这个策略下，任何一方单方面改变策略都无法获得更好的结果。

纳什均衡思维模型提醒我们，在决策时人们往往只考虑自身最优，而忽视了整体最优解的可能性，这也反映了人性的复杂性。

39 决策损失思维模型

人们在做决策时往往会过分关注可能获得的利益，而忽视了可能遭受的损失，这是人的本能，但是这种倾向可能会导致非理性的选择。决策损失思维模型就是一种帮助人们在做决定时考虑潜在损失的思维模式。简单来说，它鼓励我们在决策时，不仅要考虑自己能得到什么，还要关注自己可能会失去什么。而对于损失的部分，还要考虑自己能否承受，且能承受多久。

举个例子，在职业发展中，一个人可能面临继续当前工作（稳定但成长有限）与追求梦想职业（不确定性高但潜在收益大）之间的选择。如果过分关注梦想职业可能带来的成功和满足感，而忽视了失败的风险和经济压力，可能会让你做出不理智的选择。决策损失思维模型就是提醒我们，在做选择时要权衡梦想与现实，考虑自己在最坏情况下的承受能力。

40 反脆弱思维模型

从某个维度来分析，事物可分为三类：脆弱、强悍、反脆弱。脆弱的事物在受到外部压力时会破碎，就像玻璃杯掉到地上会碎一样；而强悍的事物在受到外部压力时则不会产生变化，也不会受到影响；但反脆弱的事物，可以在波动的世界中，伴随压力而不断进化，让自己变得更强大。所以，反脆弱思维模型强调的就是在面对变化和挑战时，不仅要能够承受压力和风险，还要能够从中获益，让自己变得更加强大。

在这个世界上，有许多事物具有反脆弱性。一般来说，人体一旦感染过某种病毒并痊愈后，下次就会对该病毒有更强的抵抗力。反脆弱思维模型有助于让我们更加适应变化，从中汲取经验教训，不断提升自己的应变能力。想象一下，一个人在工作中遇到了挫折，可能会沮丧和放弃，但是如果他应用反脆弱思维模型，就会从挫折中吸取教训，找到改进的方法，最终变得更加坚强和成功。

41 万物联系思维模型

万物联系思维模型告诉我们，任何事物都不是孤立的，每一个选择和行动都会在更大的网络中产生影响。这种思维方式让我们看到事物之间的关联性，从而在决策时考虑得更加全面和深刻。

　　通过运用这种思维模型，我们能更好地理解事物之间的联系和互动，甚至预见到潜在的后果，做出更加智慧的选择。举个简单的例子，当你在家里种花时，发现植物生长得不太好，运用万物联系思维模型，你可能会想到土壤的营养、阳光的照射以及水分的供应等问题，进而发现是浇水不均匀，或者阳光不够充足，导致了花草的生长问题。这样，你就能在相关联的范围内找到解决问题的方法。

42 黑板去沙思维模型

当玻璃上有了污渍，我们需要反反复复擦洗，最后用干抹布擦一遍，玻璃才明亮，否则我们只能看到一块脏兮兮不透光的玻璃，还会武断地以为这就是玻璃本来的面目。当黑板上有了沙子，只要我们逐渐清除了沙子，就能看到黑板本来的面目。基于同样的道理，在面对问题时，黑板去沙思维模型主张通过排除干扰，集中注意力于核心问题，找到解决问题的关键，看透事物的本质。

当我们感到压力很大时，也可以尝试使用黑板去沙思维模型，先分析出压力来源，将问题分解为几个部分，然后针对性地制定解决方案，逐一解决，从而减轻压力。

43 替身决策思维模型

你看过《奇鞋妙旅》这部非常有趣的电影吗？它讲的是一位修鞋匠麦克斯在某天修鞋子时，由于修鞋机器坏了，就使用了仓库里爷爷留下的修鞋机器，很神奇的是，当麦克斯穿上用这台机器修好的鞋子后，他就变成了那个鞋子的主人，还能体验到鞋子原先主人的生活。影片的故事与替身决策思维模型的原理非常类似，就是在做出重要决策时，设想自己是另外一个人，站在他人的角度来看待问题。

替身决策思维模型能让我们避免主观偏见，减少决策中的盲点，考虑更多可能的影响因素，从而更好地预测后果，降低决策的风险。公司做决策也是如此，如果一个公司要决定是否推出一个新产品，可以运用替身决策思维模型，设想自己是一个普通消费者，从消费者的角度考虑这个产品是否满足市场需求，是否具有竞争力，这样可以帮助公司更好地把握市场动态，做出更明智的市场决策。

44 坏模因思维模型

什么是模因？这个概念最早是由伟大的生物学家道金斯在 1976 年出版的《自私的基因》一书中提出来的，在生物学上，模因被定义为是文化传播和模仿的基本单元。简单来说，就是外界传输给我们的观念和思想。那么，坏模因自然就可以理解为与事实相违背、无法被证伪、拒绝评估的有害观念和思想。坏模因思维模型就在提醒我们，类似于基因在生物界传播的方式，一些负面的观念、行为或者习惯也会在人群中传播，甚至传播得更广泛、更迅速。

了解了坏模因的传播规律，我们可以更好地保护自己，更加警觉和谨慎，避免受到负面影响的干扰。如果有一天，我们发现周围的人都在传播一种消极的观念或者行为，就可以运用坏模因思维模型，及时意识到这种负面影响，并采取措施避免受到影响，保持积极乐观的心态。

45 笛卡儿思维模型

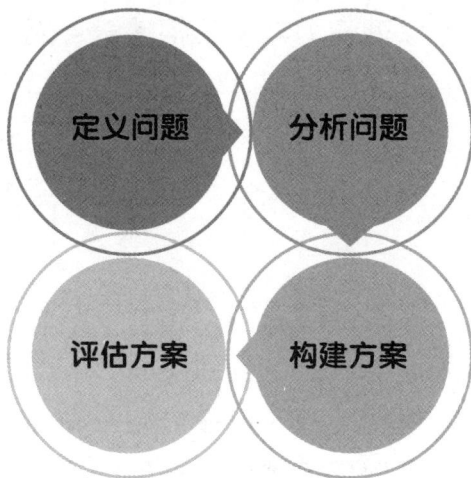

笛卡儿是一名伟大的哲学家,他提出了一个大胆的问题:你怎么能证明这个世界是真实的?这个世界有什么是不能被怀疑的呢?经过反复思考,笛卡儿突然意识到,只有一件事不能再被怀疑了,那就是:我在怀疑这件事。这个事情是确定的,所以我是存在的,不管当下世界是否为真,一定存在一个世界,而当下的世界,我不知道它是不是真实存在的。这就是批判思维,大胆质疑一切。

笛卡儿思维模型包括四个关键步骤:定义问题、分析问题、构建方案和评估方案。这四个步骤构成了一个循环,可以反复进行,直到找到最佳解决方案。举个例子,在生活中,如果我们遇到一个复杂的人际关系问题,可以运用笛卡儿思维模型,首先分析问题的各个方面,例如双方的立场、利益诉求等,然后逐步推理出解决问题的方法,而不是凭空臆断。

46 逆向思维模型

逆向思维模型是一种通过反向思考来寻找解决方案的思维方式。通俗来说，就是不按照传统的思维方式去考虑问题，而是从相反的角度出发，寻找新的解决途径。

　　这种思维模型能帮助人们打破思维定式，找到传统思维所忽略的可能性，从而创造出更加创新和有效的解决方案。比如说，如果一个团队遇到一个看似难以解决的问题，可以运用逆向思维模型，从不同的角度出发，例如从客户排斥的情况出发，重新审视问题，或者从竞争对手的做法中找到灵感，可能会找到意想不到的解决方案。

47 反熵增思维模型

"熵"，代表着无序的程度，而熵增定律意味着一切都在从秩序走向混乱，通常被认为是一种负面的定律。反言之，把无序变成有序，就叫作反熵增。反熵增思维模型就是在主张通过整理和精简，去除不必要的元素，从而达到优化的目的。

　　这种思维模型认为，通过精简和整理，可以让人们更加集中精力，更加专注地进行工作。如果我们在生活中总是感到时间不够用，不妨运用反熵增思维模型，分析自己的时间利用情况，找出浪费时间的环节，然后采取减法来提高时间利用效率。

48 非共识思维模型

当一群人的面前摆着两条路，绝大多数人在往右边走，但是你发现正确的路应该是左边那一条，你究竟会走哪条路？这时就会面临一个从众与正确之间的选择：如果走左边的路真的是对的，你就拥有了竞争优势。所以，非共识思维模型提醒我们要独立思考，坚持寻找非共识但正确的观点。它强调每个人都有权利和责任去审视问题，提出自己的见解，而不是盲目地跟随大众的观点。

这个思维模型能够激发个体的创造力和独立思考能力，使人们更加敢于表达自己的观点，不被外界压力所左右。同理，在一个团队中，如果大家都持相同观点，可能会导致思维僵化，无法及时发现问题和解决问题。而如果团队成员能够运用非共识思维模型，提出不同的看法和建议，可能就会带来意想不到的创新和突破。

49 人类误判心理思维模型

人类误判心理思维模型，是指人们在认知和判断过程中，受到各种心理因素的影响而产生错误的判断。这种模式可能会导致人们对事物的认知存在偏差，进而影响他们的决策和行为。

　　这个模型能让我们意识到自己的认知偏差，更好地理解自己的思维方式，从而有意识地避免误判，提高决策的准确性和效率。简单举例，假如一个人在面对问题时总是受到自己情绪和情感的影响，就可能会做出错误的判断。而如果他能够意识到这种情况，并运用人类误判心理思维模型，在情绪不稳定的时候少做决定，让自己冷静下来，就能够更客观地分析问题，做出更符合实际情况的决策。

50 数据认知思维模型

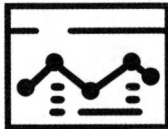

数据认知思维模型，即通过数据来认知和理解世界的思维方式。它强调使用数据收集、分析和解释的方法，要求我们不仅仅依靠直觉或经验，而是基于实际数据来评估情况、发现趋势和预测结果。

　　通过数据认知思维模型，我们可以更系统地分析信息、识别模式，不论是在科学研究、商业决策还是日常生活中，都可以据此做出更明智的选择。例如，如果一个企业想要了解市场需求，就可以运用数据认知思维模型，通过分析市场数据来了解消费者的需求和偏好，从而调整产品策略，提高市场竞争力。

51 思维投影思维模型

有一句话是这样写的："相由心生，境随心转，命由心造，福自我召。"这句话的言外之意是面相受内心想法的影响，身处的环境会随着人的心念而变化。这句话的含义与思维投影思维模型非常相似，思维投影思维模型就是形容我们在现实中的很多处境现状来源于我们思维的投影。

当我们看世界和别人时，常常会因为自己的内心活动而影响自己对外界的看法。比如，如果你很善良，可能会觉得别人也都很好；如果你经常担心别人会欺骗你，可能你有时也会欺骗别人。所以，要尽量客观地看待事物，不要只看到自己的影子。

52 大脑系统思维模型

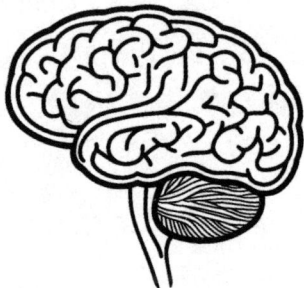

依据长期的脑科学实验结果，美国神经学家保罗·麦克里恩在 20 世纪 60 年代大胆提出了大脑假说：人类颅腔内的大脑并非只有一个，而是三个，即新皮质或新哺乳动物脑（理性脑），边缘系统或古哺乳动物脑（情感脑），以及爬行动物脑（本能脑）。这三个大脑就像是相互关联又各自独立的三台计算机，分别负责控制思维活动、情绪记忆、自运行的生理技能，并且各自的运行状态、响应速度和功耗均不相同。

大脑系统思维模型提醒我们在解决实际问题时，适当克制本能、控制情绪，让理性占据主导，从而做出更明智的决策。

53 头脑开放思维模型

头脑开放思维模型是一种愿意接受新观念和新思路的思维方式。拥有头脑开放思维的人会积极倾听他人的想法，并愿意尝试用不同的方法解决问题。这种思维模式可以帮助我们更好地适应变化，学习新知识，与他人更好地合作。

假设你和朋友们计划去旅行，但每个人都有不同的意见和想法。拥有头脑开放思维的你会愿意听取每个人的建议，包括不同的目的地、活动安排等。你可能会认为，尝试新的旅行方式或地点可能会带来新的乐趣和体验，所以你会鼓励大家表达不同的想法，最终选择最适合的方案。这种开放的思维方式有助于团队更好地协作，也让整个旅行更加有趣。

54 指数对数思维模型

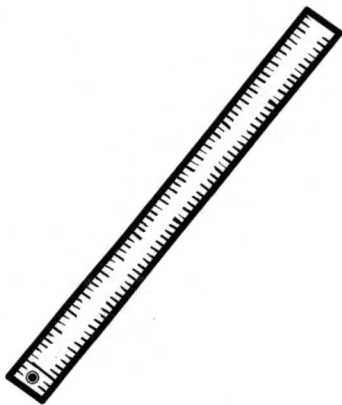

简单来说，指数增长指的是开始增长缓慢，随着时间的推移收益迅速增加，而且越来越容易获得的情形，也就是我们常说的"坚持做正确而困难"的事情；对数增长则反过来，开始时增长得很快，但后期获得的收益越来越少，也越来越难，"易学难精"。

指数对数思维模型让我们能够更好地理解和应对这种快速或缓慢变化的情况，推测未来事物的发展方向，预测趋势。举个例子，假设某公司的用户数量呈现指数增长，增长速度越来越快。如果该公司能够准确把握住这一趋势，及时扩大生产并提升用户体验，那么有很大概率会取得巨大成功。对数增长情况下，如果公司高估了增长速度，盲目扩张，就有可能导致资源浪费，从而产生经营风险。

55 把背包扔过墙思维模型

在冒险的过程中，我们可能需要把背包扔过墙，即使这样做可能会面临一些风险，但只有这样，才能突破当下困境，继续前行，这就是背包扔过墙思维模型。它告诉我们，有时候为了突破困境，我们需要放下顾虑，果断采取行动，即便这意味着要冒一定的风险。

这个思维模型的作用在于激发个人的勇气和决心，让我们不再畏惧困难，而是勇敢地面对挑战，实现自己的目标。想象一下，你是一个登山者，面对一座高耸的山峰。把背包扔过墙思维模型就是告诉你，在攀登时遇到了困难，你需要果断地采取行动，克服内心的恐惧和不安，勇敢地迈出第一步。只有这样，你才能越过困难，达到山顶，领略到壮丽的风景。

56 蝴蝶效应思维模型

一只蝴蝶在南美洲拍动翅膀，可能会引起美国得克萨斯州的一场龙卷风。蝴蝶效应思维模型告诉我们，有些看似微不足道的小事，可能会在未来产生巨大的影响，因此我们要时刻注意自己的行为和选择，因为它们可能会在未来带来重大变化。

　　生活中，我们也常常可以看到蝴蝶效应的例子。比如，你可能因为起晚了错过了一趟地铁，却在下一趟遇到了一个老朋友，后来你在他的帮助下获得了一份心仪的工作；或者你在一个普通的日子里做了一个善举，然后这个善举激励了别人也去帮助他人……这些看似微不足道的事件，最终可能会改变你整个人生的轨迹。

57 万物系统思维模型

就像生态系统中的生物相互依存一样，我们的生活、工作、学习等方方面面也是一个复杂的系统，每个部分都影响着其他部分。万物系统思维模型认为，世界上的一切事物都是相互联系、相互作用的。

在生活中，我们可以看到万物系统思维模型的很多例子。比如，你可能会发现早上起床迟了，导致整天的计划都乱了；或者你在工作中的一个小小改变，却让整个团队的工作效率大大提高。这些都是万物系统思维模型的体现，一个小小的变化可能对整个系统产生很大影响。

总的来说，万物系统思维模型教会我们看待世界和问题要用联系的眼光，要考虑事物之间的相互关系。

58 每日评估思维模型

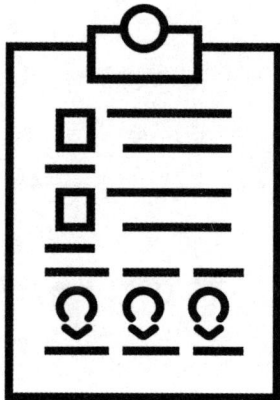

每日评估思维模型是一种帮助我们每天反思和评估自己思维方式和行为的方法。它鼓励我们每天都花一点时间回顾一下自己的所思所为，看看它们是否符合我们的期望和目标。

　　这种思维方式有利于我们更好地了解自己，通过每日评估，及时发现问题，并及时采取措施加以改进，从而逐渐养成良好的思维和行为习惯。生活中，每日评估思维模型可以帮助我们更好地规划和安排每一天的活动，确保时间得到充分利用。工作中，它可以帮助我们及时发现问题，及时解决问题，提高工作效率。在商业中，它也可以帮助企业及时发现市场变化，调整经营策略，保持竞争优势。

59 极限情境想象思维模型

极限情境想象思维模型要求我们设想一些非常极端或不太可能发生的情境，然后思考在这种情境下我们会做出怎样的反应和决策。

极限情境想象思维模型能让我们打破思维的局限，拓展思维的边界，激发创造力和想象力，从容应对各种困难。当你需要做个班级演讲时，可以设想一个极端的情境：比如，你要在一个庞大的体育场里向成千上万的观众演讲，这些观众都是各行各业的专家和权威人士。接着，你会思考在这种情境下做出的反应和应对措施，从而更认真地准备演讲内容，提前做好对各种可能的问题的回答准备，才能更自信地面对观众，展现出自己的专业知识和才能。通过这种极限情境想象，你可以更好地认识到自己紧张和不安情绪的来源，并且找到应对这些情绪的方法。当你再次面对班级演讲时，你可能会感到更加从容和自信，演讲效果也会更加出色。

60 点滴串联思维模型

点滴串联思维模型的核心思想是通过将零散的、看似不相关的事物或信息进行有机的连接和串联，形成一个完整的思维链条或逻辑框架，从而加深对问题或主题的理解。例如，当我们学习一门新知识时，可能会觉得知识点很零散，难以理解和记忆，但如果我们能够将这些知识点进行串联，找到彼此之间的联系和逻辑，就能够更好地理解和记忆这门知识。

这种思维模型可以帮助我们更好地理解事物之间的关联，发现事物背后的规律，从而提高学习和工作的效率。

61 破界思维模型

破界思维模型指的是超越传统框架和限制，敢于跳出现有的思维边界，以创新和非常规的方式来思考和解决问题。它鼓励人们不受传统观念或固有模式的束缚，勇于探索新的视角和方法，以找到更加有创造性和有效的解决方案。

在工作中，我们可以运用破界思维模型来创新产品或服务，打破行业壁垒，获取竞争优势。互联网公司在创新业务模式时就常常运用破界思维，打破传统行业的思维模式，推出全新的服务，吸引更多用户。

62 优先排序思维模型

优先排序思维模型，顾名思义就像是给事情排队一样，帮助我们确定哪件事情应该先做，哪件事情可以晚一点再做。比如，你有很多作业要做，有的作业很重要，有的作业不太重要，这时候就可以用优先排序思维模型来决定先后顺序，从而更有效率地完成任务。

通过确定事情的优先级，我们可以更有条理地完成任务，不至于陷入无谓的忙碌中。如果在处理工作任务时有多个项目需要同时进行，但资源有限，无法一次性完成。这时候，不妨使用优先排序思维模型来确定项目的优先级，先处理对整体目标影响最大、风险最高或时间最紧迫的项目，接着再逐步完成其他项目，以确保工作有序顺利完成。

63 长远思考思维模型

长远思考思维模型就像规划未来的地图。当我们面对一些重要的决定时，比如选择职业、规划人生，就需要运用长远思考思维模型。这种思维方式让我们不仅考虑眼前的利益和短期目标，还要考虑长远的影响和后果。

　　长远思考思维模型能让我们看到问题的全貌，更全面地考虑自己的选择。假设你现在是一名大学生，正在考虑未来的职业方向，如果只考虑眼前的薪水和工作环境，你可能只会选择一份看起来待遇不错的工作。但是，如果你运用了长远思考的模型，你会考虑到这个职业的发展前景、行业的发展趋势以及自己的兴趣和能力，从而做出更符合未来规划的决定。

64 联脑破界思维模型

联脑破界思维模型需要我们在脑海中建立一个超级团队，让不同的想法和知识相互交流，一起合作来解决问题。这种思维方式让我们不再局限于自己的思维框架，而是能够跨越界限，汲取更广泛的信息和观点。

联脑破界思维模型能激发团队的创造力和合作精神，让每个人都能为解决问题贡献出自己的力量，从而取得超乎想象的成果。举个例子，想象一下你正在做一个关于环保的项目，如果只是按照自己的想法来设计，可能会受到一些限制。但是，如果你运用了联脑破界思维模型，那么你就会邀请来自不同领域的人一起讨论，比如环保专家、工程师、社会学家等，大家共同思考如何更好地保护环境。这样一来，就可以汇集更多的智慧和资源，找到更好的解决方案。

大脑实验思维模型就是要我们在脑海中进行一场实验，通过想象和模拟不同的情景和可能性，来帮助我们在遇到相同情景时做出更明智的决策。

　　大脑实验思维模型由爱因斯坦提出，据传美国发明家特斯拉就是该思维模型的顶级实践者。在他的脑海中，所有实验仪器能够非常精密地运转，非常神奇。

　　这种思维方式能让我们提前预测和评估可能发生的各种情况，从而更好地应对挑战和问题。

66 错误记录思维模型

错误记录思维模型强调从错误中学习的重要性，即通过详细记录错误的过程和原因，帮助我们更好地发现问题之所在，并找到避免类似错误的方法。

　　在工作实践中，经过不断地记录和分析错误后，我们可以提高工作效率，更快地取得成功。运用在自己的学习上也是一样的道理，如果你在学习数学时做错了一道题，可以先记录下这道题目的内容和你的解题过程，然后分析自己错在哪里，最后，想一想如何避免类似的错误，比如更仔细地阅读题目，或者加快做题速度等。

67 全局观思维模型

全局观思维模型的核心是从整体和全局的角度去看待问题或情况，而不是局限于局部。通俗地说，就是站在更高的角度，从整体的视角去分析和理解事物。在全局观思维模型中，人们会考虑到整个系统或环境的各个组成部分之间的相互作用和影响，而不是仅仅关注单个部分的表面现象。

这种思维方式能帮助我们更全面、更深入地思考问题，更好地理解问题的本质，不被局部的细节所迷惑。生活中，我们可以运用全局观思维模型来处理各种复杂的情况。比如，当我们遇到家庭矛盾时，不能只看表面的矛盾，还要考虑家庭成员之间的关系、各自的需求和感受，以及问题可能产生的深层原因，从而更好地化解矛盾。

68 顺势而为思维模型

一条河流，不论遇到什么障碍，只要水流足够大，它都会找到新的路径前行。顺势而为思维模型就是要求我们像一条河流一样，根据环境和形势的变化来随时调整自身的策略和行为，而不是一味地坚持固有的计划。

　　顺势而为思维模型主张随机应变，不拘泥于既定框架，因此能够帮助个人和组织在变化多端的环境中找到最优解。举个生活中常见的例子，当我们面对突如其来的交通堵塞，我们可以使用导航软件寻找替代路线，从而更快地到达目的地，而不是死守原路线。

69 获得性偏差思维模型

我们对一个事物判断错误，并不是因为什么都不知道，而是因为把太多注意力放在了已知部分。获得性偏差思维模型就是在提醒我们，大脑会倾向于相信自己已经知道的事情，忽略或排斥与我们已有观念不一致的信息，这种偏差会影响我们的判断和决策，因此，我们在生活中要怀着谦虚之心，懂得包容与放下。

人们经常在日常生活中表现出获得性偏差。当我们买了一辆新车后，突然发现路上到处都是同款车型。这并不是因为这款车突然变多了，而是因为我们开始特别关注它。同样，当我们相信某种饮食习惯有益于身体健康时，就会特别留意那些支持这种观点的文章，而忽视与之相反的信息。

70 多维视角思维模型

当我们观察一个复杂的建筑物时，我们不仅要从正面看，还要从侧面、顶部和内部去了解它的结构。多维视角思维模型认为不同的视角能够提供不同的信息，从而帮助我们更全面地理解问题和做出决策。通过多维视角思维，我们能够跳出单一思维的限制，看到更广阔的图景。

面对问题时，多维视角思维可以帮助我们发现一些隐藏的细节。当我们分析一场比赛的胜负时，不仅仅要关注最终比分，还要考虑队员的表现、战术的运用以及场地条件等因素。只有这样，我们才能真正理解比赛的意义，而不仅仅是只看结果。

多维视角思维应用在工作中，还非常有利于团队协作。不同的团队成员从各自的专业背景出发，提出不同的见解和建议。这种多元化的观点可以帮助团队更全面地分析问题，制定出更有效的解决方案。

71 左右互搏思维模型

左右互搏思维模型是一种非常独特的思考方式，在金庸的小说中就强调了"左右互搏术"。这种模型鼓励我们在思考时同时采用两种对立的观点，并进行自我辩论，简单来说，就是"自己质疑自己"。想象一下，一个人用左手和右手进行搏斗，每只手代表一种不同的观点，互相挑战，直至一方搏倒另一方。

在实际应用中，左右互搏思维模型可以帮助我们辩证地、互补地看待问题。比如，当我们要做一个重要的决策时，可以先列出支持和反对的理由，让自己站在不同的立场上进行辩论。这样，我们不仅能发现这个问题的优点和缺点，还能找到平衡点。

72 事物关系思维模型

当我们看一张拼图，不仅要关注每一块拼图的形状和颜色，还要考虑它们如何拼接在一起才能得到完整的图景，这就是事物关系思维模型强调的思维方式。这个模型鼓励我们不仅要关注个体事物，还要考虑它们之间的相互作用和影响。

　　在事物关系思维模型中，每个事物都不是孤立存在的，它们之间有着千丝万缕的联系，理解这些联系有助于我们更好地掌握事物的本质。例如，生态系统中的动植物互相依存，破坏其中一种生物，可能会影响整个系统的平衡；一场营销活动，不仅需要市场部的策划，还需要销售部的执行和技术部的支持；规划一次家庭旅行时，不仅要考虑旅游景点，还要考虑交通、住宿和饮食等多个因素，确保旅行的顺利和愉快。

73 升维打击思维模型

升维打击思维模型是一种利用高于同一维度的技术、标准、价值或模式创新来打击竞争对手、解决问题的方法。就像玩游戏，当我们发现自己在某一关卡卡住时，换个角度，可能会有全新的解决思路。

面对复杂的问题，我们往往会陷入固定的思维模式。通过提升思维层次，我们能够看到问题的本质和更广阔的背景，从而找到新的解决办法。比如，面对城市交通拥堵的问题，可以倡导环保出行，还可以考虑发展公共交通系统、智能交通管理等更高层次的解决方案；面对孩子的教育问题，不要仅仅局限于成绩的提高，可以考虑培养孩子的兴趣、提升综合素质等更高层次的教育理念；团队在项目管理上遇到困难时，可以从组织结构、资源配置、工作流程等更高层次进行调整，提高项目的成功率。

74 细节效率思维模型

细节效率思维模型注重细节的处理和效率的提高。就像做手工艺品一样，每一个细节的处理都需要认真对待，才能确保最终完成一个精美的作品。这种思维模式告诉我们，在处理问题时要注重细节，同时要高效率地解决问题。

有时候，问题的关键点会隐藏在细节之中。通过细致入微地观察和分析，我们可以更清晰地把握问题的本质，找到解决问题的方法。举一些例子，在解决数学问题时，一道看似复杂的题目可能只需要找到其中的一个关键细节，就能迎刃而解；在写作时，如果能够注意每一个细节，如格式、修辞、逻辑等，就能够提高文章的质量；企业在服务客户时，如果能够注重细节，理解和满足客户的微小需求、严格把控产品质量等，就能够提升客户满意度，增强竞争力。

75 放大关键行动思维模型

好比用放大镜聚焦光线，能够增强光束亮度的原理一样，放大关键行动思维模型就是在提醒我们，要抓住问题的关键点，并采取针对性的行动，而不是被问题整体所困扰。有时候，问题可能看起来很复杂，但只要找到关键点，就能够迎刃而解。

放大关键行动思维模型的作用就在于它能让我们更加果断地采取行动，以实现个人和组织的目标。类似于我们在工作中，如果要解决一个团队合作中的问题，可能只需要调整团队中的一个关键成员，就能够改善整个团队的合作氛围；如果家里的水管破裂了，我们可以立即关闭水源，然后修复水管，而不是被淹水问题困住。

76 系统回顾思维模型

据说，巴菲特研究股票时，把 5000 家美国上市公司的背景都研究了一遍。系统回顾思维模型要求我们在面对问题时要进行全面的回顾和分析，找出问题的根本原因，以便更好地解决问题和改进工作。

举个生活中的例子：假设一个人最近总是感觉疲倦。按照系统回顾思维模型，他可以全面回顾和分析自己最近的生活状态。

首先，他可以回顾自己的作息习惯，看看是不是睡眠不足或者睡眠质量不好导致的疲劳；然后，回顾自己的饮食习惯，看看是不是营养不均衡或者饮食习惯不良导致的疲劳；最后，回顾自己的身体状况，看看是不是患上了某种疾病或者缺乏某种营养物质而导致的疲劳。

通过全面的回顾和分析，这个人发现是自己最近工作压力大，导致睡眠质量下降，同时饮食不规律，进而产生了疲劳感。在找到问题的根本原因后，他可以采取相应的措施，从而改善疲劳感，提高生活质量。

77 复利原理思维模型

复利原理思维模型是指资金按一定的利率进行投资，所产生的利息会再次投资，利息的利息也会再次投资，从而实现资金的快速增长。类似于雪球效应，初始投资越大，时间越长，收益就会越高。

　　复利原理思维模型意味着人们可以利用时间的力量，实现业务、财富的增长以及个人价值的提升。就像一个人每月定期存入一定金额的钱，并将利息再次投入，随着时间的推移，这笔钱会不断增加。一个人也可以通过不断学习、积累经验，从而提升自己的能力，这就像是在不断地投资自己，随着时间的推移，个人的能力和竞争力也会不断增强。同理，一个企业通过不断创新、提高产品质量和服务水平，也能够吸引更多的客户，不断扩大业务规模，从而实现利润的复利增长。

78 排列组合思维模型

"排列组合"作为数学中的一个重要概念，用来计算不同元素之间的排列和组合方式。排列指的是从一组元素中取出一部分进行排序，顺序不同即为不同排列。例如，从 A、B、C 中任选择两个字母进行排列，可以得到 AB、AC、BA、BC、CA、CB 共 6 种排列方式。组合指的是从一组元素中取出一部分，不考虑排序。例如，从 A、B、C 中选择两个字母进行组合，只考虑其组合方式，不考虑顺序，可以得到 AB、AC、BC 共 3 种组合方式。

　　运用排列组合思维模型，我们可以更好地理解生活中的各种可能性，从而更有效地安排任务和资源。打个比方，一个餐厅有 5 种主食和 3 种饮料，如果每份套餐包含一种主食和一种饮料，那么根据排列组合思维模型，就可以组合出 15 种不同的套餐，从而吸引更多的顾客。

79 费马帕斯卡系统思维模型

费马帕斯卡系统思维模型以数学家皮埃尔·德·费马和布莱兹·帕斯卡的名字命名，又被称为概率论基础思维模型，是一种基于概率论的思考和决策方法。换句话说，就是使用数学方法来计算事件发生的可能性。在不确定的情况下，我们可以根据事件发生的概率，评估不同选择可能带来的风险，由此选择风险最小或收益最大的方案。

例如，当我们在超市购物时，发现有两种品牌的洗发水，一种是知名品牌，价格较高，另一种不太知名但价格较低。如果购买知名品牌的洗发水，基于过往的经验来看，它大概率能满足你的期望；如果购买不知名品牌的洗发水，虽然价格更低，但是它的效果却未知。使用费马帕斯卡系统思维模型，你就会基于自己的实际情况做出相应的购买决策。

80 前景理论思维模型

前景理论是由心理学家丹尼尔·卡内曼和阿莫斯·特沃斯基提出的一种决策理论，用来解释人们在面对风险和不确定性时如何做出选择。通俗来说，前景理论思维模型认为人们在决策时，会根据潜在的损失和收益来评估选择的价值，而不仅仅是根据最终的结果。

前景理论思维模型解释了人们在决策过程中的非理性行为。它提供了一种更贴近现实、更符合"人性"的决策模型，考虑了人们对风险的不同态度，有助于更好地理解和预测人们的行为。举个例子，小明有两个选项，一个是有 50% 的机会赢得 100 元，另一个是 100% 能赢得 50元。在前景理论思维模型的影响下，小明更倾向于选择后者。

81 马斯洛需求层次理论思维模型

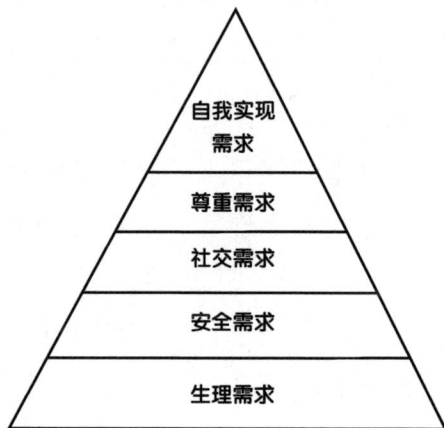

自我实现需求

尊重需求

社交需求

安全需求

生理需求

马斯洛需求层次理论是由美国心理学家亚伯拉罕·马斯洛提出的一种心理学理论，它将人类需求分为五个层次，按照层次递进的顺序分别为生理需求、安全需求、社交需求、尊重需求和自我实现需求。

生理需求是最基本的需求，包括获取食物、水，获得睡眠等；之后，人们会寻求安全感和稳定性，即安全需求；社交需求是指对归属感的需求，人们希望被接受和理解，与他人建立联系；尊重需求包括对自尊和他人尊重的需求，人们希望被认可和尊重，获得成就和地位；最后，自我实现需求是最高层次的需求，包括个人发展、激发潜能和实现个人目标。

82 复式簿记思维模型

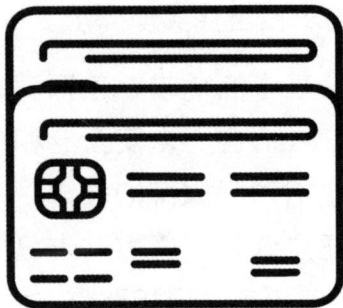

复式簿记是一种记账方法，就像是你在一本账簿上记载你的收入和支出一样，但它有一个特别的地方：每一笔交易都要同时在至少两个账户上进行记录。

复式簿记的核心思想就是从两个角度记录同一个经济事件，从而避免错记、漏记情况的发生。举个例子，小李借给小王 1000 元，用复式簿记的方法就是：

从小李的角度记录——小李借给小王 1000 元；（借）

从小王的角度记录——小王欠小李 1000 元借款。（贷）

像这样从他们两个人的角度都记录同一事件，双重核账，对账的时候就能确保账目清晰、准确。

83 质量控制理论思维模型

做作业时，我们有时会不停地检查答案是否正确，以确保最终的成绩符合要求，这种方法就运用了质量控制理论。质量控制理论的本质就是精益化管理，通过使用各种统计学工具，不断优化迭代，持续提升质量，减少成本消耗，使产品达到一个非常高的标准，又称PDCA 循环理论。

质量控制理论主要作用在于确保产品或服务的质量稳定。就像你在烘焙蛋糕时会一直检查烤箱温度和蛋糕状态，以确保最终蛋糕的质量一样。这个理论的目标就是确保产品或服务的质量，尽可能减少缺陷，让消费者满意。

84 冗余备份系统思维模型

在计算机中，冗余备份系统是指在存储数据时，使用多个备份来保护数据免受损坏或丢失的影响。这些备份可以存储在不同的地方或设备上，以确保即使一个备份出现问题，其他备份仍然可以恢复数据。

冗余备份系统思维模型，就像你在玩具箱里有两个完全相同的玩具，如果一个坏了，你还有另一个可以继续玩。简单来说，就是多准备一份或几份，以备不时之需。冗余备份系统用在计算机中，可以提高数据的安全性和可靠性，确保重要的信息不会丢失。

85 断裂点理论思维模型

断裂点理论思维模型认为：在某些临界点，即使是小的变化也可能引起系统行为或性能的显著转变。

这种模型广泛应用于工程学、物理学、经济学和社会科学等领域，帮助预测和识别那些可能导致系统不稳定或失败的点。例如，在材料科学中，断裂点是指材料无法承受进一步应力并发生断裂的点；在金融市场，它可能指的是市场崩溃前的紧张状态；而在社会系统中，它可能表示社会动荡或结构变革的临界点。

通过识别这些潜在的断裂点，决策者可以更好地评估风险，制定策略来减轻或避免潜在的负面影响，确保系统的稳健性和可持续性。

86 心流思维模型

你是否有过这样的体验：当你在投入某项活动时，完全沉浸其中，忘记时间和周围环境，进入专注而高效的状态？这就是"心流"，"心流"是米哈里·契克森米哈赖在《心流：最优体验心理学》中提出的概念，这种状态通常发生在一个人有足够的技能去完成一项挑战性的任务，同时任务的难度又不至于让人感到沮丧的情境下。

当我们处于这种状态时，通常会感到非常愉悦和满足，这不仅可以提升个人的幸福感，还可以提高工作效率。如果在团队合作中，团队成员都能够进入心流状态，就能够更加高效地完成任务，提高团队的整体绩效。学习中，如果学生能够进入心流状态，就能够更快地掌握知识，提高学习效率。

87 奥卡姆剃刀思维模型

"奥卡姆剃刀"又被称为"简约法则"，这个原理最早能追溯到亚里士多德的"自然界选择最短的道路"。核心内容为"如无必要，勿增实体"，意思是实体不应被无故加入，不应该引入不必要的假设或复杂性，即简单有效原理。它认为在解释事物时，应该选择最简单的解释。

　　举个例子，假设你在树林里发现了一个球体物体。有两种解释：一种是认为这是一个外星飞船的残骸，另一种是认为这是一个从天上掉下来的陨石。根据奥卡姆剃刀原则，我们更倾向于选择后者，因为它更简单直接，不需要引入外星人等复杂概念。

　　奥卡姆剃刀在科学和哲学中有广泛应用。在科学中，研究人员倾向于选择最简单的理论来解释观察到的现象，因为简单的理论更容易被验证和理解。这个原则也被用来批评那些过于复杂或依赖过多假设的理论。

88 微观经济学思维模型

微观经济学是研究个体经济单位（如消费者、生产者）在资源有限的情况下如何做出决策的学科。它关注的是市场上个体行为的原因和后果，以及市场机制如何影响资源分配和价格形成。简单来说，微观经济学思维模型就像是一把放大镜，帮助我们看清楚日常生活中经济活动的细节。它关注的是我们每个人和家庭如何做出经济决策，以及这些决策如何影响市场上的商品和服务。比如，为什么一家比萨饼店会在周末提高比萨饼的价格？这背后可能是因为周末比萨饼的需求量大，店家为了赚更多钱，就会提高价格。

微观经济学也可以帮助我们理解为什么有些产品的价格会上涨或下跌，为什么某些公司会成功而其他公司失败。总的来说，微观经济学能够让我们理解个人和企业如何在有限资源下做出最好的经济决策。

89 规模优势理论思维模型

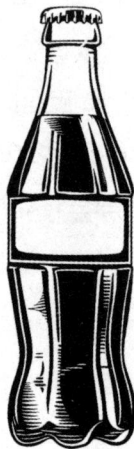

如果你打算造一个油罐，在建造的过程中你会发现，随着油罐变大，用于油罐表面的钢铁会以平方的速率增加，油罐的容量却会以立方的速率增加。换句话说，你可以用更少的钢铁得到更大容量的油罐，这就是规模优势理论的原理。规模优势理论认为，随着生产规模的增加，单位产品的生产成本会降低，从而使大型企业能够以更低的价格生产商品或提供服务。

　　规模优势理论思维模型能够帮助我们看清楚为什么一些大公司比小公司更成功。想象一下有两家面包店，一家是小面包店，另一家是大型连锁面包店。由于大型面包店生产规模大，可以批量采购原材料并使用自动化生产线，生产成本相对较低。因此，他们可以以更低的价格销售面包，吸引更多的顾客，最终获得更多利润。同样的道理，我们也可以解释为什么可口可乐能够成功。

90 黄金圈思维模型

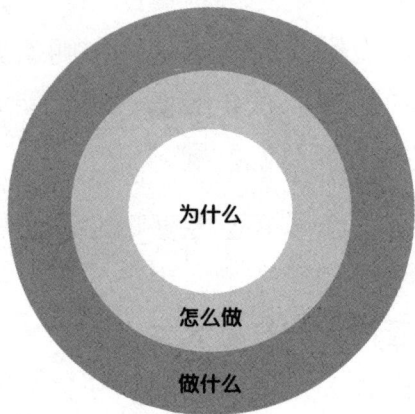

为什么

怎么做

做什么

黄金圈思维模型告诉我们，要先弄清楚为什么要做某件事情，然后再考虑怎么做和做什么。就好比吃饭，我们不会只顾着怎么吃或者吃什么，而是会先想为什么要吃饭，因为我们需要营养来保持健康。黄金圈思维认为"为什么"比"怎么做"和"做什么"更为重要，即我们首先要明确为什么要做某件事情，然后再考虑如何去做，最后才是具体的行动。

黄金圈思维的关键在于弄清楚事情的目的和意义，这样我们才能更有条理地行动，不会盲目地跟风或者走弯路。举个例子，一个小朋友为什么要好好学习？是为了将来能够实现自己的梦想。这样想的话，他就会更有动力去学习，而不是随随便便地应付。

91 能力圈思维模型

能力圈思维模型源自能力圈这一概念，能力圈指的是一个人在特定领域或技能上的能力范围。就像一圈圈同心圆，每一圈代表不同的能力水平。巴菲特曾说："如果你知道了能力圈的边界所在，你将比那些能力圈比你大 5 倍却不知道边界所在的人要富有得多。"

能力圈让我们更清楚地了解自己在哪些方面有优势，在哪些方面需要提升。通过扩大能力圈，我们可以在更多的领域获得成功。比如，一个喜欢写作的人，通过不断学习和实践，可以逐渐扩大自己的写作能力圈，从而在写作领域取得更大的成就。

92 安全边际思维模型

安全边际源于工程学，在工程学里叫安全系数，指一个结构或机械所能负荷的负载可以超过预期负载的程度。而安全边际思维模型，就是将安全边际思维应用到生活实际中，在决策或行动中预留足够的余地，以应对可能出现的意外情况。就像我们玩多人射击游戏时会为自己留一条后路，以防万一。

巴菲特就是安全边际思维模型的终身实践者。他有两个最重要的投资原则：第一，永远不要赔钱；第二，永远不要忘记第一条。"我们强调在股票的买入价格上要留有安全边际。如果我们计算出一只普通股的价值仅仅略高于它的价格一点点，那么我们不会对这只股票产生兴趣。我们相信这种'安全边际'原则是投资成功的基石。"

93 金字塔原理思维模型

我们观察一下金字塔，它的建造是先搭建好底座，再一层一层往上搭，最后才是尖顶。金字塔原理就像搭建金字塔一样，通过先总结要点再逐步展开的方式，让读者或听众更容易理解和记忆信息。

运用金字塔原理，通过先总结要点再逐步展开的方式，我们能够清晰地传达信息，让读者或听众一目了然。比如，小明要写一篇自己暑期旅游经历的文章，他可以使用金字塔原理来组织内容。首先，他可以总结本次旅行的主要亮点，比如去了哪些地方、做了什么有趣的事情。然后，逐步展开每个亮点，描述具体的情景和体验，让读者感受到他的旅行经历。

94 非线性思维模型

非线性思维是一种跳跃性的思维方式，不拘泥于传统的直线逻辑，而是通过联想、类比等方式，从不同的角度来思考和解决问题。就像是面对一条蜿蜒曲折的小路，我们不按照固定的直线来走，而是随着想法的跳跃和联想，随意走出自己的"路径"。用通俗易懂的话来说，非线性思维可以让我们的大脑不断地迸发出新奇的创意。

　　面对一个复杂的情况，我们可以尝试从不同的角度来思考，可能会有意想不到的解决办法。假设你是一名小说作者，正在构思一个故事情节。传统的线性思维可能会让你沿着一个固定的故事线索展开，但是如果你采用非线性思维，你可以尝试使用非线性叙事结构，通过回忆、闪回等手法来展现故事，从而增加故事的层次感和吸引力。

95 递弱代偿思维模型

递弱代偿思维模型源自生物学中的一个概念，认为世间万物的演化方向是在逐渐变弱的，也就是说，后代生存的顽强程度往往会呈现递减趋势，一代不如一代。因此，为了生存下去，就必须不断寻找更多可持续发展下去的支持因素，这些因素就是"代偿"。

　　反观人类文明，实际上也同样遵循着这个规律，尽管人类表面上看似越来越强大，但个体对外界的依赖性也越来越大，总体生存度逐渐降低。虽然我们现在看似拥有越来越发达的科技和文明，但实际上这是由于我们内在的生存度越来越弱，不得不需要依靠越来越强的外在能力来代偿生存顽强程度的流失，这是我们不得已做出的选择。

96 耗散结构理论思维模型

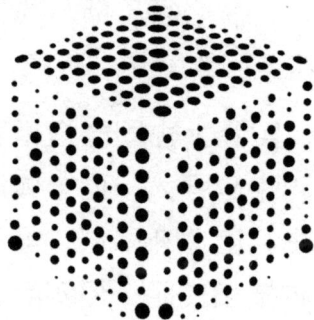

耗散结构是由化学家普利高津提出的一个理论，是一个远离平衡态的开放系统。它的本质是外力持续做功。耗散结构理论思维模型认为系统在不断耗散能量的过程中，会产生新的结构和秩序，从而实现自组织和自我调节。

我们身体的新陈代谢过程就是一个耗散结构的例子。身体通过不断吸收食物和氧气，耗散能量，同时排出废物和二氧化碳，这一过程维持着身体的正常运作，并且在这个过程中，新的细胞不断产生，老的细胞被取代，以保持身体的结构和功能。

团队的协作也可以理解为一种耗散结构。团队成员通过不断交流和合作，共同完成任务，同时消耗能量，但在这个过程中，他们也会形成新的工作流程和组织结构，使得团队更加高效和有序。

97 复杂自适应系统思维模型

复杂自适应系统形容的是由许多相互作用的部分组成的系统，这些部分能够根据环境变化和内部反馈进行调整和改变，以适应外界的变化。就像一个大机器，里面有很多小零件，它们之间互相影响，可以根据外界环境的变化自动调整，保持整体运行的平衡和稳定。这一运作原理运用到思维认知层面就是复杂自适应系统思维模型。

生态系统就是一个复杂自适应系统。生态系统由许多不同的生物体组成，它们之间相互依存、相互作用，同时受到环境因素的影响。当外部环境发生变化时，生态系统会通过调整物种的数量和分布来适应这些变化，从而保持生态平衡；一个组织也可以看作一个复杂自适应系统。组织由许多不同的部门和个人组成，他们之间相互联系、相互影响。当外部环境发生变化时，比如市场竞争加剧或者技术进步，组织会通过调整内部结构和流程来适应这些变化，从而保持竞争力和持续发展。

98 路径依赖思维模型

路径依赖指的是过去的选择和经验会影响未来的发展方向，就像想要抵达同一个目的地，人们会更倾向于选择自己熟悉的那条路。比如，一个人小时候学会了骑自行车，长大后可能更喜欢骑自行车而不是开汽车，因为他习惯了骑自行车。这种情况在生活中很常见，人们在做决定时往往会受到过去的经历和选择的影响，这就是路径依赖思维模型。

　　路径依赖的好处是可以帮助人们快速做出决策，因为可以借鉴过去的经验，避免重复犯错。但有时候也会限制人们的思维和行动，使他们无法尝试新的方法和想法，导致局限性。打个比方，一个公司可能一直使用传统的营销方式，因为过去这种方式效果不错，而不愿意尝试新的数字营销方法，虽然新方法可能更有效。

99 自催化思维模型

我们在玩滑滑梯时会发现，越往下滑速度就越快，因为你自身的重力会帮助你加速。在化学里，有些物质会在反应中产生，并且促使同一种反应继续进行，就像一个自身催化的连锁反应，这就是自催化模型。

自催化模型解释了某些反应为什么会加速进行，即使起始时反应物的浓度很低。类似地，生活中有些事情也是如此，比如，当你学会了一项新技能，这项技能可能会帮助你更快地学会其他相关的技能，因为它们之间存在某种联系和相互促进的关系。

100 大道至简思维模型

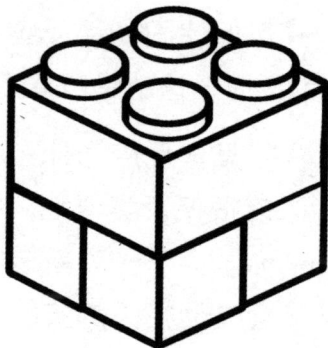

想象你在搭积木，一块块的积木代表着问题的不同部分，你需要找到最合适的方式把它们组合起来。大道至简也是同样的意思，把复杂的问题简单化，找到其中的核心要点。就像搭积木一样，找到最合适的方式组合积木，让整个结构更加稳固。

当我们在生活中遇到复杂的情况时，可以尝试运用大道至简的思维方式，将问题分解成简单的部分，然后一步步解决。做个简单的假设，假如你要组织一场生日派对，但预算有限。你可以运用大道至简的思维方式，将复杂的派对计划简化成几个关键步骤：选择合适的场地、确定食物和饮料、安排娱乐活动、邀请客人。然后，你可以专注于每个步骤的细节，比如选择一个价格适中又有趣的场地，准备简单但美味的食物，安排一些有趣的游戏和活动，邀请一些亲朋好友参加。通过这种简化和专注的方式，你可以在有限的预算内成功举办一场愉快的生日派对。

我的思考笔记

学习_____思维模型后

我是这样思考的 💡

学习＿＿＿＿＿＿＿＿思维模型后

我是这样思考的

学习 _____ 思维模型后

我是这样思考的

学习＿＿＿＿＿＿＿＿思维模型后

我是这样思考的

学习＿＿＿＿＿＿＿＿思维模型后

我是这样思考的

学习_____思维模型后

我是这样思考的